AF325077

MALADIES
DE LA VIGNE.

———•———

MÉMOIRE.

MALADIES

DE LA VIGNE

PROCÉDÉS

Contre l'Oïdium et autres Maladies de la Vigne,

PAR M. BENOIT BONNEL.

MÉMOIRE

PRÉSENTÉ A M. LE MINISTRE DE L'AGRICULTURE,

NARBONNE,

IMPRIMERIE DE CAILLARD.

Mars 1855.

PRÉFACE.

En rédigeant ces notices et ces procédés, nous avons pour but d'exposer les phases de l'accroissement progressif de l'Oïdium et la dissémination de la semence sous les influences de l'atmosphère. En même temps, nous voulons montrer, par les résultats frappants de notre expérience, l'efficacité du soufre contre cette maladie dans les mêmes conditions atmosphériques ; son action sur la vigne et autres végétaux comme agent de fertilisation, ainsi que les différences existant dans les résultats des deux modes du soufrage *en fleurs.*

Pour les autres maladies de la vigne venant de l'*Anthracnose*, la *Coulure*, le *Rougeot* et l'*Altise bleue*, nous présentons les moyens curatifs et préservatifs que des expériences récentes indiquent.

Le temps presse ! le consommateur, le Trésor public et les transactions commerciales sont en souffrance, et des craintes qui ne sont point sans fondement, sur l'existence de la vigne malade de l'Oïdium, se manifestent chez les producteurs de cette grande branche de l'alimentation.

Les données que nous offrons contre ces maladies, et surtout contre l'Oïdium, sont de nature, nous le croyons du moins, à diminuer et même à détruire les craintes sur la conservation et sur les progrès heureux de la vigne. Qu'on adopte donc les essais et les expériences que nous avons faits nous-même, et nous ne doutons pas que le même succès ne couronne les mêmes entreprises.

PROCÉDÉS CONTRE L'OIDIUM

ET AUTRES MALADIES DE LA VIGNE.

LETTRES PRÉCÉDANT UN MÉMOIRE ADRESSÉ A M. LE MINISTRE DE L'AGRICULTURE LE 6 DÉCEMBRE 1854.

Monsieur le Ministre,

En offrant à Votre Excellence des procédés contre l'Oïdium et autres maladies de la vigne, permettez-moi de les développer succinctement et, avant, de mettre sous vos yeux la copie de la lettre que j'ai eu l'honneur d'écrire, trois jours avant mes vendanges, à M. le Sous-Préfet de Narbonne.

MONSIEUR LE SOUS-PRÉFET,

J'ai l'honneur de vous adresser, dans une corbeille scellée, des échantillons de raisins avec les sarments et leurs pampres pris des divers cépages du vignoble du domaine du Fleïx, situé à un kilomètre de Narbonne, appartenant à mon fils Gabriel Bonnel, et du vignoble du domaine de La Broute, m'appartenant, situé dans la commune de Cuxac, limitrophe de celle de Narbonne.

Ces spécimen montrent que ces vignobles ne sont point atteints de l'Oïdium, lequel pourtant les a dévastés, ainsi que les vignobles voisins, les années précédentes.

Cet heureux état, je le dois à l'emploi de la fleur de soufre projetée sur la vigne quand elle n'est point mouillée, au moyen du soufflet-appareil, comme remède curatif et aussi préservatif; la preuve en est tirée du triste aspect dans lequel se trouvent encore cette année les vignobles voisins.

En effet, j'ai fait soufrer sans effort sous ma direction, par plusieurs fois, et lorsque le besoin s'est montré, cent trente mille pieds de vigne ; les vents, qui ne sont point trop forts pour empêcher le blé d'être vanné à la fourche dans l'aire, ont été favorables aux opérations du soufrage sur les grandes surfaces ; le temps calme a favorisé celles qui ont été faites sur les petites. Je crois sans aucun doute que les plus grands vignobles peuvent sans beaucoup d'efforts être guéris ou préservés de l'Oïdium, par l'emploi de la fleur de soufre, avec des frais beaucoup moindres que l'on dit, en opérant sous la direction de gérants intelligents et actifs.

Les opérations du soufrage sur le domaine du Fleïx ont eu, Monsieur le Sous-Préfet, à cause de sa proximité de Narbonne, pour premier résultat, un retentissement flatteur dès le 15 juillet. Avant ce temps, la plupart des vignobles de l'arrondissement étaient envahis, et l'on apprenait que dans le nord et le midi de la France l'Oïdium avait fait son apparition sur les vignobles atteints les années précédentes, et que même beaucoup de ceux qui avaient été épargnés jusques-là se trouvaient envahis.

Les 5/6 ont donc atteint les plus hauts prix. (250 fr. l'hectolitre) au marché de Narbonne du 15 juillet, mais aux marchés suivants les cours sont descendus pour ne plus se relever.

Cette baisse subite est-elle due pour une part quelconque à cette opinion qui parait maintenant établie, à savoir que les vignobles du midi de la France peuvent être préservés de l'Oïdium facilement? je l'ignore, mais je n'ignore pas que cette opinion a pour effet de diminuer considérablement dans nos contrées l'arrachement de la vigne, même dans les vignobles vieux.

Les intérêts de votre arrondissement éminemment viticole avec lesquels vous vous identifiez, Monsieur le Sous-Préfet, ne me permettent pas de supposer que vous ignorez que les opérations du soufrage ont complètement réussi sur les vignobles des domaines du Fleïx et de la Broute; en vous le marquant je crois remplir un devoir.

Agréez , etc.

Narbonne , 20 Septembre 1854.

MÉMOIRE

PRÉSENTÉ

A M. LE MINISTRE DE L'AGRICULTURE

le 6 Décembre 1854.

MONSIEUR LE MINISTRE,

Au commencement de juillet 1852 l'Oïdium apparut pour la première fois sur les deux vignobles des domaines du Fleïx et de La Broute dont le sol provient d'alluvions. L'Oïdium affecte principalement le Carignan, plant dur, érigé et à pampres cotonneux.

C'est le sarment, le pampre et la grappe qui sont atteints tout à la fois dans des parties du vignoble éloignées les unes des autres ; un temps d'arrêt a lieu néanmoins par un temps sec ; la température humide agrandit les parties atteintes, et en même temps d'autres, intactes jusqu'alors, montrent aux regards de l'observateur des vignes *oïdiomées*; cet état se reproduit jusqu'aux vendanges sans perte considérable. L'année 1852 n'a donné en moyenne qu'une demi-récolte ; j'attribue ce résultat au mal que l'Altise bleue a causé à la vigne et à la dévastation de l'*Anthracnose*, mais la qualité du vin de cette récolte ne s'est point ressentie de l'Oïdium.

En 1853 les deux vignobles ont été atteints en entier et dans tous les cépages ; quelques bourgeons de Carignan ont été complètement atteints dès le 15 avril ; le mal est resté stationnaire à peu près jusqu'au 25 juin. De cette date au 15 juillet tous les cépages des deux vignobles ont été envahis, et, à la suite d'une température humide et élevée, le mal s'est montré grandissant avec quelques intermittences amenées par le temps sec jusqu'à la mi-septembre. Mais à cette époque des pluies abondantes sous une température élevée donnent au mal toute l'intensité possible, les grains crèvent et les vendanges ont lieu dans de tristes conditions; le plant le moins maltraité a été l'Alicante ou Grenache. La récolte de cette année a été réduite à $^1/_8$ sur chacun des deux vignobles, comparée à une année moyenne, et le vin a été de très-mauvaise qualité; cependant je dois faire remarquer que l'Altise, l'*Anthracnose*, la Coulure et le Rougeot ont concouru à cet état mauvais de la récolte.

Cette année, grâce à la fleur de soufre, j'ai paralysé l'Oïdium et le Rougeot, et les deux vignobles m'ont donné une bonne moitié de récolte ordinaire.

L'efficacité du soufre reconnue, Monsieur

le Ministre, les difficultés qui se présentent à l'esprit sont celles-ci : la matière manquera, les bras seront insuffisants, l'atmosphère ne produira pas assez de jours favorables? la réponse à ces observations ou à ces craintes sera celle-ci :

Les gisements de soufre en exploitation sont inépuisables, d'autres attendent des exploiteurs, et la terre ne refusera pas à l'homme, quand il le voudra, ce qu'elle possède dans son sein de cette matière minérale.

Le nombre de journées d'homme employées aux opérations du soufrage par six fois, à des époques plus ou moins rapprochées dans l'espace de cent jours, est quatre fois moins considérable que celui qui est nécessaire pour labourer par deux fois à la bêche une surface de vignoble égale dans le même espace de temps, et deux fois moins que les travaux, soit des vendanges, soit de l'entonnage du vin et du pressurage du marc.

Sur les cent jours, l'atmosphère très-vraisemblablement produira au moins cinquante jours favorables pour les six opérations. Pendant ce temps le domaine fournira pour cause d'urgence, sur l'ordre du gérant, le nombre d'hommes qui lui sera demandé, lesquels après chaque opération reprendront leurs travaux courants ou d'entretien. Cette facilité d'avoir sous la main des travailleurs à volonté est applicable aux grands vignobles comme aux vignobles moyens; pour les petits, le vigneron travailleur et sa famille opèreront eux-mêmes pendant les jours et heures favorables.

Vous reconnaîtrez, Monsieur le Ministre, que sur ces points capitaux les impossibilités ou les obstacles manifestés ne sauraient être fondés.

Le gérant, dans sa direction, en vue du soufrage d'un vignoble non atteint, mais non éloigné de celui qui le serait, doit le visiter souvent pendant l'été, avec une grande attention, pour s'assurer de son état; le plus léger indice découvert, établit incontestablement la présence de l'Oïdium dans le vignoble; et, dans les derniers jours d'avril ou aux premiers jours de mai suivant, des bourgeons plus ou moins rares et plus ou moins atteints en fourniront la preuve.

Néanmoins, si dans les quinze premiers jours d'avril il se trouvait, dans un vignoble non atteint encore par le mal, quelques rares bourgeons *oïdiomés*, j'attribuerais ce cas au transport de semence fait par un agent ailé qui, l'ayant puisé dans un foyer d'Oïdium, l'aurait implanté sur les jeunes bourgeons en les explorant; il faudrait alors s'empresser d'enlever ces bourgeons et de les brûler au loin.

Plusieurs indications sont à mon avis nécessaires pour mener à bonne fin le traitement de la vigne par l'emploi de la fleur de soufre.

La fleur de soufre d'un jaune tendre

tombant sur le vert, craquant fortement sous la pression de la main, est de bonne qualité ; celle qui est d'un jaune pâle, ne craquant pas sous la main, manque d'énergie, elle se répand mal.

Les appareils qui projettent la fleur de soufre d'une manière régulière, sous forme de brouillards développés, sont les meilleurs.

Le temps le plus favorable pour l'opération est celui où le soleil est le plus ardent ou par un vent modéré mais brûlant : dans l'un et l'autre cas j'ai remarqué qu'une projection de fleur de soufre, résultant d'une quantité contenue dans une cuillère à café, a produit un brouillard de dix mètres de long environ sur plusieurs mètres d'épaisseur.

Par un temps humide, l'appareil, quelque perfectionné qu'il soit, fonctionnera mal ; sous cette influence, l'opération est inopportune, le soufre perd de son énergie et embrasse peu d'espace.

Enfin, les opérations doivent être faites

avec les matières bien tamisées et *très-sèches* lorsque le besoin se montre.

Dans le midi de la France la vigne est basse en général : lorsqu'elle est à un âge avancé le pied ne dépasse guère 75 centimètres les coursons compris, lesquels au nombre de quatre ou cinq forment l'entonnoir ; elle est quadrangulaire à un mètre cinquante centimètres dans sa plantation ; 4,400 pieds sont nécessaires pour occuper la superficie d'un hectare.

Développés à une hauteur de quinze ou vingt centimètres les bourgeons sont soufrés, dans cette opération seulement, au moyen d'un cylindre en fer blanc haut de vingt centimètres, ayant à sa base large de huit centimètres un filtre, comme un filtre à café, avec couvercle de six centimètres dans le haut. Ce cylindre empli à demi, le travailleur, par un double mouvement subit imprimé par sa main de bas en haut et de haut en bas, projette perpendiculairement le soufre sur chaque bourgeon. Cette opération se fait de droite et de gauche dans une allée sur deux, en allant comme en revenant.

La deuxième opération se pratique quelques jours avant la fleur, la troisième lorsque le fruit est formé, la quatrième du 15 au 20 juillet, la cinquième vers le 5 août, et la sixième à la fin du même mois. Ces dates, données comme des indications, sont néanmoins subordonnées aux besoins du vignoble et à l'état de l'atmosphère. Tous ces soufrages se pratiquent au moyen du soufflet-appareil, en projetant de droite et de gauche sur les deux lignes, dans l'aller et de même par le retour dans l'allée voisine ; chaque vigne reçoit ainsi dans la même opération des projections croisées. Une opération bien faite doit ne point laisser des traces de soufre sur la vigne ou du moins très-peu.

En opérant contre le vent, la matière par un va et vient embrasse toutes les parties de la vigne ; dans une opération contraire,

le brouillard de soufre se traînant sur elle
pénètre et se dépose dans ses parties inté-
rieures au moyen des courants d'air qui s'y
forment et s'y croisent. La fleur de soufre
ainsi répandue dans les organes de la vigne
profite en même temps à plusieurs autres ,
ce que l'une ne reçoit pas est reçu par celles
qui sont sous le vent : quand cet élément
apporte dans un vignoble la semence de la
cryptogame , assurément il ne la distribue
pas d'une manière parfaitement régulière à
chaque vigne qu'il trouve sur son passage ;
ainsi , l'agent qui a porté le poison déversera
aussi le contre-poison. Pour les petits vignobles il y aurait perte de matière et de temps,
le temps calme est préférable pour ces derniers

Un inconvénient peu important, résultant
de ce mode de soufrage , peut nécessiter
pour quelques personnes l'emploi de con-
serves afin d'éviter des ophthalmies légères ;
aucun de mes travailleurs n'en a fait usage
bien qu'ils eussent souvent la face couverte

de soufre. Le fait suivant m'a donné la preuve
du zèle et de l'intérêt qu'ils ont mis à ce
travail. M'adressant à l'un deux pour lui recommander de bien suivre mes instructions,
afin d'obtenir de bons résultats : « Soyez ,
« me dit-il, sans inquiétude, je suis plus
« intéressé que vous à ce que le soufrage
« produise de bons effets, — pourquoi cela?
« — si la vigne reste malade , reprend-il ,
« elle périra   ou on l'arrachera, dans l'un
« ou l'autre cas je mourrai de faim tandis
« que vous resterez ce que vous êtes. » Cette
réponse pleine de sens , d'un travailleur ,
m'a pénétré profondément.

Présentement, il y a avantage à faire
soufrer par les hommes ; mais lorsque ce
genre de travail sera plus connu on pourra
employer les femmes, conduites et dirigées
par un homme, seulement dans les vignobles
où la circulation ne serait pas trop pénible.

Empêché par des motifs indépendants de
ma volonté, je n'ai pu continuer d'une

manière non interrompue la surveillance et la direction que je m'étais imposées, mais des ordres, par écrits basés sur l'état du baromètre et du thermomètre, sur la direction du vent et son action sur la fumée sont venus toujours utilement en aide aux travailleurs dans l'intérêt de la vigne.

Avant d'aller plus avant je dois me hâter, Monsieur le Ministre, de vous faire connaître le prix de revient de la matière et de la main-d'œuvre pour le soufrage de mille pieds de vigne.

30 kilog. fleur de soufre pour les six opérations, à 30 centimes le kilog.,... 9 fr.

En travaillant huit heures par jour, un homme opèrera sur 3,000 pieds de vignes sans se donner trop de fatigue, à 2 francs par jour, pour les six opérations, ... 4 fr.

Total pour le montant de la matière et de la main-d'œuvre... 13 fr.

Dans mon opinion, la première opération pratiquée comme moyen préservatif peut être supprimée, n'étant point indispensable; la dernière, faite en vue d'un danger éventuel et par pure précaution , peut aussi être négligée : ainsi, dans les années où la température serait régulière , la dépense totale de 13 francs étant réduite d'un tiers se trouverait être de 8 francs 66 centimes par mille pieds de vigne.

Toutefois on ne doit point prendre pour base les prix actuels de la matière pour l'avenir, si les prix devenaient trop élevés on devrait, je crois, se borner à soufrer les grappes seulement.

A chaque changement sensible de la température ou du vent , le gérant doit visiter le vignoble confié à ses soins, et s'empresser de faire opérer là où le mal commence à se montrer.

L'Oïdium qui parait à l'œil nu n'avoir que 8 ou 10 jours d'âge est facilement détruit ; plus âgé, il oppose une grande résistance, il laisse même des traces de maladie qui ne peuvent être détruites. En ajoutant deux opérations à celles qui ont été faites, une partie des vignobles ainsi traitée s'est trouvée constamment sous l'influence toute puissante du soufre et n'a point montré des traces d'Oïdium ; le remède serait ainsi préservatif.

La préoccupation du gérant doit se porter sur la partie de ses vignes la plus rapprochée du vignoble *oïdiomé*, et, dans notre opinion, il doit se pénétrer que c'est ordinairement sous une température sèche et élevée que la semence qui produit la maladie de la vigne se détache de la cryptogame ; que si c'est par un temps calme, l'air la saisit et la livre ensuite aux fluctuations atmosphériques et au vent aussitôt qu'ils se produisent ; que si le vent souffle quand elle s'en détache, cet agent la dissémine dans l'atmosphère et dans les organes de la vigne où elle s'implante, s'accroît et se développe à la faveur d'une température humide et chaude; que si après quelques jours d'un temps calme soutenu, cette température passe subitement au sec alors qu'elle est chaude, et par un vent fort, c'est dans ce moment qu'un grand déplacement de semence a lieu, et qu'une grande et compacte invasion d'Oïdium se produit dans le vignoble voisin qui est sous le vent, infestant tout d'abord, quant à la grappe, les parties seulement qui sont frappées par ce vent.

L'an dernier la maladie a fait invasion de deux manières sur les vignobles des domaines dont je parle. Venue d'un vignoble voisin, elle s'avance compacte, par zônes, dans le vignoble non atteint, attaquant d'abord les parties les plus rapprochées, et infestant bientôt l'intérieur et les extrémités. Dans d'autres parties, le vent portant la poussière de loin la dissémine dans le vignoble encore intact.

Si les vents qui portent cette semence pénètrent peu la vigne de la plaine, il ne s'en suit pas de là que le vignoble reste moins *oïdiomé* : un sol humide de sa nature, des vapeurs, des brouillards, des rosées abondantes, des chaleurs plus que sur les coteaux seront autant de causes qui détermineront l'aggravation du mal. Sur les coteaux, ces causes se produisent moins souvent, mais les pluies sont plus fréquentes, les courants d'air se forment facilement ; la vigne étant moins fournie, les vents la pénètrent et l'infestent.

Pour la vigne qui grimpe aux arbres et pour la treille, développant leur végétation plus avant dans l'atmosphère, siège de la semence, le vent, son véhicule, en les abordant les enveloppe, et les courants d'air s'y formant et s'y croisant, il résulte de tout cela plus que sur les autres vignes un apport fréquent de semence sur le même sujet.

Mais si des cas contraires se montrent, on

doit, je crois, les attribuer particulièrement à l'action variable des vents , aux courants d'air et au plus ou moins de matières cryptogamiques dont ils sont chargés.

Une autre dissémination de la semence se montre sous un aspect singulier dans les vignobles de vignes basses. En effet , les raisins couchés sur la terre, produits par les provins qui ne sont pas attachés aux tuteurs, ne sont point atteints par la maladie, tandis que ceux qui ne sont pas couchés sur la terre , parce que les provins sont attachés aux tuteurs , en sont infestés. Pour essayer de me rendre compte de cette différence et me former une opinion je me suis livré aux opérations suivantes.

En 1853, dans le mois de février, j'ai fait remplacer , au moyen de provins , les vignes mortes dans les deux vignobles; quelques rejetons sortis du pied des vignes ont été conservés ; on a fixé sur la terre, au moyen de crochets, des sarments venant du courson ;

enfin, après la taille, des souches ont été buttées de terre jusqu'aux yeux : les raisins produits par ces sujets pris sans choix, n'étant point couchés sur la terre, ont été atteints par la maladie ; ceux qui reposaient sur la terre ont été préservés.

J'attribue cette différence à la nature de la semence ou poussière de la cryptogame qui, comme spore, se soutiendrait dans l'air raréfié, et à la condensation et à l'équilibre de la couche inférieure de l'air dans laquelle les raisins se trouvent couchés sur la terre.

Néanmoins il arrive que quelques-uns de ces raisins ainsi couchés sont quelquefois atteints, ces cas très-rares pourraient bien être produits par la chûte momentanée d'un courant d'air portant la semence.

Les vendanges de 1854 se sont faites par un temps favorable, et les vins provenant des deux vignobles, où pas un raisin gâté ne s'est montré, sont montés en couleur et sont de qualité supérieure, si on les compare

à ceux que les mêmes vignobles ont produits
les années antérieures. Pendant la fermentation de la vendange on ressentait, en
entrant dans les caves, une odeur de soufre
assez pénétrante ; le vin en a eu aussi le
goût, mais lorsqu'il est devenu froid et qu'il
a été frappé par l'air, odeur et goût ont
disparu.

Je crois devoir attribuer en grande partie
l'effet du soufre sur le vin à la dernière opération pratiquée dans un temps trop rapproché
des vendanges, toutefois l'odeur et le goût
s'annihilent par un plus long séjour du vin
en fermentation dans la cuve. [a]

Les vins rouges, les gris et les blancs
faits du moût, sans marc resté dans le
pressoir, conservent encore le goût et l'odeur
du soufre. [b]

(a) Le vin d'un foudre, considéré dans l'origine comme
pouvant être atteint, retiré de sa première lie le 15 janvier,
n'a point produit ni en vin ni en alcool, au jugement des
hommes compétents, le moindre indice de ce dont on avait
pu l'accuser.

(b) Transvasés deux fois, en décembre et en janvier,

Les marcs pour la distillation ont bien réussi dans la chaudière, ceux employés à la fabrication du vert-de-gris n'ont point justifié les craintes qu'on avait eues.

Mais d'autres craintes plus grandes se manifestent, on dit que le soufre abrègera l'existence de la vigne, à laquelle on ne donne plus que trois ou quatre ans.

---

fouettés ensuite à la colle gélatine et transvasés une troisième fois, l'odeur et le goût de soufre ont disparu.

Le changement opéré dans l'état de ces vins me permet de produire utilement, je crois, les appréciations suivantes :

Par la compression du pressoir et le frottement qui s'opère ainsi dans les grappes entr'elles, le moût expulsé tout d'abord aura charrié le soufre qui se sera détaché, ce moût en sera naturellement beaucoup chargé ; si le pressoir cesse de progresser, le liquide qui s'écoulera alors en contiendra peu : mais si la progression est reprise, le troisième moût sera plus chargé que le deuxième et le sera moins que le premier. De ces résultats, et de ce que l'odeur et le goût ne se produisent point avant la fermentation ; encore, de ce que odeur et goût disparaissent par les transvasements, la colle et le fouet, on sera amené à reconnaître que les principes de l'odeur et du goût du soufre ne pénètrent point dans l'intérieur du grain par les tissus cellulaires de la pellicule ni par le pédicelle. Ainsi, on peut espérer pouvoir appliquer le soufrage aux vignes produisant les vins fins, sans atteintes portées à leurs qualités.

Qu'il me soit permis de démontrer succin-
tement combien ces craintes sont chimé-
riques.

Le soufre est insoluble et sans action placé
entre l'écorce entr'ouverte de la souche et
son épiderme, corps ligneux et insensible.

Par sa solution dans les tissus et le pa-
renchyme herbacés, il ne compromet pas
l'avenir de la vigne jusqu'à faire craindre
pour son existence. Sous cette influence, la
vigne ne montre point un état de faiblesse,
elle nous montre une végétation forte, qu'on
a le moyen toutefois de modérer à volonté.
Un moyen secondaire consisterait à procéder
à son épamprement aussitôt après les vendanges, on paralyserait ainsi l'action intem-
pestive du soufre et l'on hâterait le repos de
la vigne.

Pour les vignes vieilles, de plus grands
soins dans leur culture, des fumures, au
besoin les tailler court et diminuer le nombre
des coursons; toutes ces choses mettraient

en harmonie la fertilisation de la terre avec celle du soufre; on pourrait encore ne projeter la matière que sur le raisin, au moyen d'un soufflet-appareil à ajutage s'agrandissant à l'extérieur.

Jusqu'à ce jour rien ne parait donc justifier les craintes assez généralement répandues sur les influences funestes du soufre pour l'existence de la vigne; qu'on réfléchisse d'ailleurs à ceci :

Quand un lieu non clos est couvert de matières fertilisantes quelle que soit leur origine; si par le travail de ces matières, répété pendant la végétation, il s'en échappe des émanations, des vapeurs ou des sporules, les vignes, plantées sur un sol cultivé ou non, rapprochées de ces matières, développeront pendant les premières années un grand luxe de végétation. Après ce temps, ce luxe ne se soutiendra pas sous la puissance égale et régulière des mêmes agents de fertilisation; et, si les matières fertilisantes sont enlevées, s'il n'en reste aucune trace, la végétation se montrera inférieure à ce qu'elle était dans le principe; l'arbuste ne mourra pas , une culture légèrement soignée le rétablira bientôt dans son état normal. Une végétation luxuriante ne se soutient ordinairement que par l'emploi de matières fertilisantes appropriées, mais diverses, mises en action tour à tour.

Qu'il me soit permis de montrer aux viticulteurs livrés à l'indécision sur le choix de l'un des deux modes de soufrage *en fleurs*, les différences existantes.

Projetée sur la vigne quand elle n'est point mouillée, la matière en sporules (grains microscopiques) adhère par le suintement de l'Oïdium et des organes de la vigne non atteints ; puis, agissant en même temps par des effets contraires dans la puissance et l'énergie qui lui sont propres elle paralyse le développement de l'Oïdium , ou elle le détruit s'il est récent ; par les organes non atteints, elle donne à la vigne, avec la force, une végétation luxuriante, et la ramène ainsi vers son état normal.

Projetée sur la vigne mouillée, la matière perd à l'instant même de sa puissance; elle passe bientôt après, et sur la vigne et sur la grappe, à l'état de concrétions adhérentes; aux groupes des pédicelles, quand les grains sont espacés les uns des autres; au fond des cavités produites par eux, lorsqu'ils sont rapprochés; au grain, au pampre et au sarment. Toutes ces concrétions, produites par le retirement de l'eau vers son centre et son évaporation entière, se montrent à l'œil nu comme fragments de masques.

On conçoit que cette grappe portée ainsi dans le pressoir ou le fouloir peut être atteinte d'Oïdium; elle sera plus chargée de soufre.

La science ne nous a pas montré encore les causes qui ont produit la maladie de la vigne; un voile couvre leur secret, peut être

une immensité les sépare des efforts humains,
mais peut être aussi les touchons nous du
doigt sans nous en douter.

Cette maladie est-elle un effet ou clima-
térique, ou météorique? voilà sans doute le
véritable point de la question.

Et, de toutes les opinions qui se produisent
aucune ne parait jusqu'ici nous conduire à
la solution.

Mais ceux qui restant les bras croisés se
complaisent à répéter sans aucune réserve
que la terre devient infertile, et qu'il faut
se soumettre à traverser une période de
temps quelconque pour donner à la nature
le soin de rétablir l'ancien ordre des choses,
c'est-à-dire de ramener l'abondance, ceux-
là, dis-je, excitent aux mauvaises passions
sans le vouloir.

La vigne est malade. Elle est malade
là même où son infertilité se montre sans
cause apparente, vraisemblablement parce
que les émanations, venant des transsuda-

tions de l'Oïdium et des vignes atteintes, pénètrent dans la vigne saine par ses transsudations et ses suçoirs de l'air. Il me sera permis d'ajouter que ces émanations pourraient bien étendre leurs funestes effets sur d'autres végétaux, particulièrement sur les plantes à céréales, à tubercules, à racine sucrée, et les placer ainsi dans un état voisin de la dégénérescence, de l'infertilité et du marasme.

Dans ces conditions anomales, l'*Anthracnose*, le Rougeot et l'Altise, dont les noms et les effets étaient à peine connus avant l'invasion de l'Oïdium, réunissent leurs efforts pour détruire la vigne, qui n'a pas montré peut-être à l'Europe en souffrance et alarmée de cet état, sa dernière misère. [c]

(c) L'opération de la taille de la vigne, faite dans les mois de décembre 1854, janvier et février suivants, a révélé dans la plupart des vignobles du département de l'Aude une grande mortalité soit dans les souches, soit dans les coursons. La commune d'Ouveilhan (arrondissement de Narbonne , la plus viticole peut-être du département, où

Me sera-t-il permis de conjecturer ici , contrairement , en faveur de la cessation de la maladie ?

Je ne reproduirai pas ce que j'ai exposé sur l'Oïdium, je le prends là où il se trouve , sur le fruit, sur le pampre et sur le sarment, toutes choses qui le font vivre , s'accroître , se developper et donner à sa semence une fécondité effroyable. Sa sève , ses sucs, ses humeurs se mêlent à la sève, aux sucs ,

---

la vigne est très-bien cultivée par une population laborieuse et intelligente , a vu l'été dernier ses vignobles envahis par l'Oïdium et dévastés par l'ANTHRACNOSE , beaucoup plus que les années antérieures. Un carré de plants dits TERRET-BOURRET de 2,000 vignes, appartenant à M. Just Barrau , ainsi atteintes et livrées à elles-mêmes, a perdu toutes ses souches âgées de 20 ans, mortes dans les racines. Un autre carré de mêmes plants, mais plus étendu , faisant partie du vignoble du domaine du Colombier, appartenant à M. le général baron Imbert de St.-Amans , atteint de même , a eu ses vignes mortes dans les coursons , d'après l'opinion du gérant de ce domaine.

En somme , la mortalité moyenne prise dans tous les cépages réunis serait, dans l'opinion de M. Augé, propriétaire viticulteur éclairé de cette commune, d'un dixième de vignes mortes dans les racines, et d'un tiers mortes dans les coursons. pour la commune d'Ouveilhan.

aux humeurs de la vigne, et le virus qu'il inocule la pénètre dans ses insertions jusqu'aux suçoirs souterrains; son épouvantable reproduction, sur le même sujet, aurait un jour pour effet de le priver des éléments même de son existence; il trouverait dans la vigne trop d'impuretés cryptogamiques. Encore, l'Oïdium détruit ou paralysé par les projections de soufre ne saurait reproduire la semence : et, les émanations [d] et les sporules de soufre, livrées déjà aux fluctuations de l'air et au vent, combattraient sur toutes choses et dans l'atmosphère, dans des limites sans doute, les émanations et les sporules de l'Oïdium.

Mais très-probablement, l'atmosphère, où le siège et le véhicule de la semence se trouvent, et où sont sans doute aussi les causes

---

[d] Les émanations du soufre, portées par le vent, se produisent, pendant quelques jours, d'une manière frappante, à plusieurs kilomètres de distance du lieu où les projections sont faites.

qui entretiennent la maladie, étant rendue enfin à son état normal de salubrité, il est permis d'espérer que, travaillé d'ailleurs par ses propres excès, l'Oïdium laissera la vigne reprendre et ranimer ses forces.

Lorsque l'Oïdium aura cessé ses ravages, la vigne sera encore malade; il faudra, sans doute alors demander au soufre les traitements dépuratifs qui seront nécessaires à son rétablissement complet.

Monsieur le Ministre, après le retour de la vigne à son état normal, et peut-être bien maintenant, pour retirer de ce puissant agent de fertilisation les avantages qu'il réalise, ainsi que les effets de son efficacité contre l'Oïdium, on pourrait conseiller et recommander particulièrement pour les contrées baignées par la Méditerranée, à cause de leur rapprochement des principaux gisements sulfureux, l'emploi *des fleurs* de soufre projetées sur les tissus herbacés des végétaux, tels que le blé, le maïs, la pomme de terre, la betterave, l'olivier et autres végétaux qui auraient à souffrir par la sécheresse, ou qui croîtraient sur un sol peu fertile, et encore pour prévenir, détruire ou paralyser les végétations parasites et autres funestes affections venant de l'air.

Les essais que j'ai faits cette année sur quelques ares semés de blé et de pommes de terre, et aussi sur quelques oliviers du domaine du Fleïx, me font croire qu'avec peu de frais on peut facilement obtenir des résultats très-avantageux. Ainsi, une ère nouvelle, déterminée par les vertus du soufre, apparaissant pour les végétaux comme un bienfait inattendu, leur apportera en même temps, nous ne pouvons pas en douter, l'efficacité frappante de ce puissant minéral fertilisant, anti-cryptogamique et très-vraisemblablement dépuratif.

Anthracnose.

L'*Anthracnose*, mal instantané, foudro-yant, agit sur la vigne depuis le mois de juin jusqu'au moment de la taille. Ce mal presque inconnu et sans nom dans nos con-trées, avant l'apparition de l'Oïdium, se pro-duit régulièrement chaque année depuis ce temps, et toujours dans des proportions plus graves.

Cette année 1854 on a vu tels vignobles atteints à peine d'Oïdium ne produire que $1/8$ de récolte ordinaire par l'effet de l'*An-thracnose;* sa plus grande victime est le plant Carignan, cépage cultivé dans le Roussillon, dans le Languedoc, et premier élément des vins riches en couleur. Jeune vigne, vieille, basse, haute, dans la plaine, sur les coteaux, à toutes les expositions, sur tous les sols, tout cela est atteint plus ou moins par l'*An-*

thracnose dans les deux provinces dont je parle.

Comme l'Oïdium, l'*Anthracnose* se montre sur la grappe, le pampre et le sarment, mais jusqu'à la hauteur de 30 centimètres environ à partir des coursons.

La vigne atteinte d'*Anthracnose* montre des parties de pampres desséchées sur les bords et sur la surface; son pédicule est incrusté de pointillés noirs mais plus larges et plus profonds à la base du pampre; le sarment montre aussi des pointillés noirs incrustés aux côtés des aisselles; mais dans les gouttières, les incrustations sont profondes, larges, rondes ou longitudinales, et, sur leurs bords, le tissu forme un bourlet par le retrait. Sur le pédoncule, on voit des excoriations souvent circulaires; sur l'axe de la grappe et aux groupes des pédicelles, encore des pointillés noirs plus ou moins larges et profonds, et bien souvent un seul pointillé sur le jeune fruit lorsqu'il est produit. Tel est l'aspect du mal huit jours après sa production.

Par l'excoriation circulaire du pédoncule, la grappe tombe desséchée, et les incrustations produites dans l'axe ou dans les groupes des pédicelles amènent inévitablement la chûte de ces parties ; celles qui restent peu frappées par l'*Anthracnose* s'atrophient ; le grain, quelque jeune qu'il soit au moment où il est atteint, résiste à ce mal, mais le pointillé se développe avec le grain. Les blessures faites au sarment s'élargissent en devenant profondes ; quand il s'est lignifié, il casse parfois à demi à l'endroit du mal, et la moëlle présente un corps desséché. Chaque visite faite dans le vignoble amène de nouvelles déceptions, par l'aspect d'une dévastation qui semblerait produite par des étincelles venues d'un fer battu chauffé à blanc.

Dans les temps rapprochés du solstice, si après une rosée abondante, un brouillard

épais, une pluie même, le soleil apparait
radieux par un temps calme, l'*Anthracnose*,
ce toxique de feu se produit en moins d'une
heure. Les tissus des parties inférieures de
la vigne, tendant à se lignifier, ne sauraient
se défendre contre de tels effets ; contrairement, les tissus plus herbacés des parties
supérieures résistent à cette dévastation, qui
est plus grande lorsqu'elle est produite à
l'heure où l'atmosphère est le plus échauffée.

Le moyen préservatif de l'*Anthracnose*
consiste à pincer le haut des bourgeons vingt
jours environ avant la fleur. Par ce travail
expéditif et très-peu dispendieux, la végétation se produit par les bourgeons latéraux,
se développe et fortifie les parties inférieures
de la vigne, qu'elle rend feuillue ; le mal,
ne trouvant plus que des sujets fortement
constitués et abrités par des pampres développés, n'exerce plus la même action dévas-
tatrice.

Coulure.

Le moyen employé contre l'*Anthracnose* s'applique aussi contre la Coulure.

Appelée comme tous les végétaux, après un long repos, à donner à sa sève un libre essor, la vigne montre dans le printemps une végétation qui se développe; mais au moment où le soleil de juin l'échauffe, cédant à cette excitation et aux besoins de sa nature, sa sève fait voir la puissance de son ascension sur les sujets érigés; les efforts qu'elle fait dans cette ascension quotidienne la fatiguent, et une chûte précipitée en est la conséquence; les sujets latéraux éprouvent à leur détriment les effets de cette fatigue et en quelque sorte de cet oubli.

Si à cette cause déterminante et à la pénurie des sucs nutritifs, cause aussi déterminante, la Coulure se produit en outre sous l'influence des pluies par un temps calme ou d'une température humide et élevée, cette Coulure sera plus considérable.

Mais si le bourgeon est pincé, la sève, par un jeu plein et soutenu, porte une grande part des sucs nutritifs dans la grappe, accroît sa puissance et y fortifie les filaments, particulièrement à la base du pédicelle et au point d'insertion du jeune fruit ; le vignoble moins érigé par cette opération est fréquemment pénétré par les courants d'air qui y dissipent les vapeurs en se formant plus près de la terre.

Rougeot.

Le vignoble atteint du Rougeot est arrêté dans sa végétation, les pampres perdent de leur verdeur, ils prennent ensuite une couleur rouge foncé.

Avant l'apparition de l'Oïdium, le Rougeot était peu connu dans le Languedoc, et ses effets étaient inaperçus.

Le Rougeot paraîtrait actuellement avoir dans l'Oïdium sa cause déterminante. On a remarqué que dans les contrées où l'Oïdium fait peu de ravages, la vigne qui n'en est pas atteinte est légèrement malade du Rougeot, et que dans celles où l'Oïdium est considérablement répandu, le Rougeot suit cette proportion sur celles qui en sont malades. Enfin son état de développement ou d'affaiblissement se trouverait subordonné à celui dans lequel sont les vignobles *oïdiomés*; toutefois, ces deux affections réunies sur la vigne aggravent incontestablement son état.

Aux premiers symptômes de la maladie il faut couper assez profondément le haut des bourgeons. Si quelques jours après cette opération la végétation ne se reproduit pas, il faudra s'empresser de projeter sur les vignes atteintes la fleur de soufre dans les mêmes proportions et aux conditions indiquées pour l'Oïdium ; une seconde opération sera peut-être nécessaire pour paralyser cette maladie.

Mais dans l'opinion vulgaire, une sorte de Rougeot, qui serait pâle parce que les pampres auraient perdu leur verdeur, affecterait les vignes atteintes d'Oïdium, et viendrait ainsi aggraver leur état : contrairement à cette opinion, nous inclinons à reconnaître dans cet état de la vigne les effets seuls de l'Oïdium arrivé à son maximum d'intensité; ses sucs, production d'une grande agglomération de cryptogames en pleine végétation, vicieraient au plus haut point la sève de la vigne, et paralyseraient son jeu.

Les vignes ainsi atteintes perdent leurs pampres devenus pâles, les sarments ne pouvant se lignifier, qu'en partie quelquefois, sont un signe certain de mort prochaine dans la souche ou dans les coursons.

Le remède à l'état de ces vignes est le soufrage appliqué préventivement ou au début de la maladie, dans les proportions et les conditions qui ont été expliquées.

Altise bleue.

Venue d'Espagne par essaims et comme par étapes dans le Roussillon, l'Altise s'est introduite de la même manière dans le Languedoc en 1812. Ravageant d'abord les vignobles vieux mal cultivés ou entourés de terres incultes, elle se réfugie pendant l'hiver, jusqu'en mars, dans des broussailles et dans les creux des vieux saules ; elle attaque les autres vignobles sans distinction d'âge, de position et de cépage, mais de préférence le grenache ou alicante, plant à fruits sucrés ; dévastant en quelque sorte des communes entières, respectant celles qui sont limitrophes, elle agit ainsi comme par un instinct capricieux.

Le bourgeon n'est pas encore débourré que l'Altise l'attaque dans la partie supérieure et le perfore perpendiculairement ;

lorsqu'il s'entrouvre elle le taraude au bas,
et pendant ces opérations de plusieurs jours,
qui causent le plus souvent la perte du
bourgeon, l'Altise reste immobile comme
un être mort ou enivré.

Jusqu'à la ponte, l'Altise se nourrit de pampres; elle en couvre le revers d'une prodi-
gieuse fécondité, et l'incubation ayant lieu
par les transsudations du pampre échauffé
par le soleil de juin, produit une innombra-
ble lignée, rongeant les pampres et les pé-
dicules. La grappe atteinte lorsque la chenille est développée ne saurait résister à des
ravages incessants, l'épiderme du sarment
est rongé ensuite profondément et souvent
jusqu'à la hauteur d'un mètre.

Les moyens en usage pour mettre les
vignobles à l'abri des dévastations de l'Altise
demeurent incomplets.

Par un temps humide ou froid elle se tient
cachée; lorsque la température est chaude,
si l'on veut la saisir au moyen du plat con-

cave en fer blanc, percé au fond, où l'Altise
roule dans un sachet, elle saute ou elle s'en-
vole. Si l'on opère de grand matin, l'opération réussit mieux, mais les bras et le temps
manquent, alors il n'est pas rare de voir le
lendemain, sur la vigne délivrée la veille,
une plus grande quantité de ces insectes,
venus on ne sait de quel endroit.

Quelques soins que l'on donne à ce travail
long et dispendieux, il reste très-incomplet
et impraticable sur les grands vignobles.

L'échenillage, le seul praticable, se fait
par l'épamprement; opéré dans les parties
inférieures de la vigne, il est incomplet si
l'on n'épampre aussi le milieu ; dans ce dernier cas, les grappes dépourvues des pampres qui les protègent ne sauraient se défendre
contre l'action directe des rayons solaires.

En projetant par deux fois, sur la vigne,
au moyen du soufflet-appareil, des cendres
de bois non lessivées et *très-sèches*, quelques
jours avant et quelques jours après l'éclosion,

on paralyse l'incubation et l'on détruit l'existence de la jeune chenille, et par suite sa reproduction. Ces projections se font avec une quantité égale de matière et dans les conditions analogues à celles qui ont eu lieu pour le soufrage.

Dans les vignes atteintes en même temps par l'Altise et l'Oïdium, les projections *des fleurs* de soufre agissent efficacement contre chacun de ces deux maux.

Agréez,

MONSIEUR le MINISTRE,

L'hommage de mon respect.

BENOIT BONNEL.

Narbonne, le 6 Décembre 1854.